#오늘의 주인공은~

#나야 나!(너 아님)

멍냥오디션 ⭐

1판 1쇄 인쇄 2025년 2월 14일
1판 1쇄 발행 2025년 2월 24일

원작 | 비마이펫
만화 구성 | 박지영(옥토끼 스튜디오)
발행인 | 심정섭 **편집인** | 안예남
편집 팀장 | 최영미 **편집** | 조문정, 이선민
표지 및 본문 디자인 | 권규빈
브랜드마케팅 | 김지선, 하서빈
출판마케팅 | 홍성현, 김호현
제작 | 정수호

발행처 | (주)서울문화사
등록일 | 1988년 2월 16일 **등록번호** | 제 2-484
주소 | 서울특별시 용산구 새창로 221-19(한강로2가)
전화 | 02-791-0708(구입) 02-799-9171(편집) 02-790-5922(팩스)
인쇄처 | 에스엠그린

ISBN 979-11-6923-381-1 (74490)

온 세상 반려가족 필수 반려동물 교양만화

Bemypet 비마이펫

멍냥오디션 ⭐상⭐

삼색리믹스를 소개합니다!

#삼색이

#생일 3월 3일
#코리안쇼트헤어 암컷
#유연성 끝판왕
#겉바속촉

#리리

#생일 2월 21일
#래브라도 리트리버 수컷
#저세상 귀여움
#쭈인바라기

♬ 쇼미더 애니멀 팝스타 심사 위원 ♪

샤나

브루티

총롱이

차례

#이

드디어 왔다!
멍냥이들과 소통할 수 있는 세상!
귀여움은 한도 초과

오늘은 반려동물
번역기, 비마이챗의
대중화 이후

사회 곳곳에서
활약하고 있는
반려동물들을 만나
보겠습니다.

짹 짹

짠!

BMP
live

번역기 출시 5주년 기념 인터뷰

반려동물의 사회생활, 반응은 '귀여워…'

에, 저는 털이
마르자마자 땅을
파기 시작해서~.

으쓱

미어(3세/모래 파는 중)

"저는 털이 마르자마자 땅을 파기 시작해서…"

불쑥

잠깐만요!

저게 활약이 맞는지
모르겠다냥.

히히힛,
그래도 난

이제 쭈인이랑
말이 통해서 좋다멍.

빙그르르~

야호~,
멍!

어휴, 그냥 멍톡이랑
멍스타그램 때문에
좋은 거 아니냥?

9

28

누, 누구냥?!

바스락-

쭈뻣

쭈뻣

숨어 있지 말고
나오라옹!

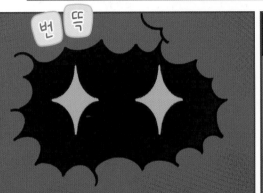

번뜩

안... 나와도
되고....

꿀꺽

타 다 닷!

으으...!

질끈

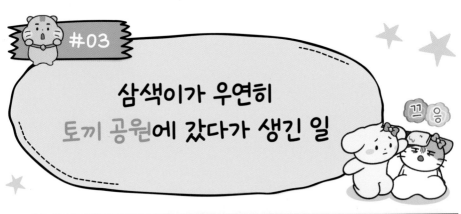

#03

삼색이가 우연히
토끼 공원에 갔다가 생긴 일

37

38

47

내려 줘라토.
날 제정신으로 만들어 준
멍냥이다토.

굼적
굼적

크르르....

스윽

살았다냥.

휴~.

잘 왔토.
이 토 사장의 손을 거치면
너희처럼 보잘 것 없는 동물도
성공할 수 있다는 것을
세상에 보여 주겠토!

척!

에….

척!

수고하십니다.
꼬꼬서에서 나왔고요~.

걸쭉~

선생님,
지금 들어가신 곳이
국립 공원 계곡이어서
벌금 있으시고요~.

스윽

입에 물고 계신 것은
천연기념물이라
벌금 있으시고요~.

스윽

쿠궁!

풍당

동의도 구하지 않고
사진 찍고 부모님 안부 물으셔서
기분 나쁘시고요~

그, 그게
아니라멍...ㅠ

울먹 울먹

찰칵!

텅장...
됐다멍.

제대로 연습시킬
줄은 아는 거냥?

빠직

텅~

지갑

물론!
슬슬 때가
됐는데....

스윽

왔퉁!

쿵!

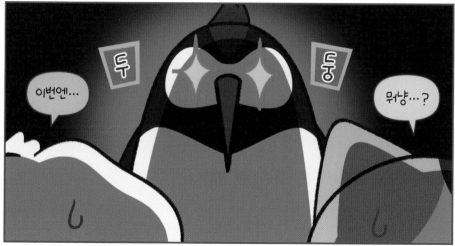

#05
너와 결혼까지 생각했어

…!?

반 짝
반 짝

쓱

삼색

흠흠~.

살 랑
살 랑

배 시 시

헤헤~.

주눅 들었던 게
아니라 사랑에
빠진 거냥!?

지금 한눈팔 때가
아니다옹. 무대에
집중해야 한다냥!

헤헤헤헤~.

낑낑

리리

헤~!

휘 이 이 이 잉

저걸 그냥 확...!

빠직

아, 안녕? 난 리리. 나, 나도 이 오디션 참가자다멍!

헤실~ 헤실~

사막여우

앙?

시큰둥

으으....

쿠궁!

부들

부들

앙~. 사막여우

Bemypet
비마이펫

이런 상상도 하면서 긴장 풀고 그러는 거지멍. 혹시 MBTI가 S냐멍?

데스다옹.

쿠궁!

이번에야말로 댕댕별에 보내 버린다냥!

캬아~

삼색

곧 올라가니까 준비해 주세요~.

투닥

투닥

벌써 우리 차례인 거냥?!

91

이 무대로
오게 한~

빛들의
이끌림~

겁내지 않고~
빛나 한 발짝 더~

어두운 밤을
밝히는 별처럼~

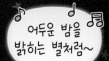

키햐~, 다들 어떻게 보셨나요?

음~, 나쁘쥐 않쥐만 빅 미스테익 있어yo.

감동

꾸....

멍무룩

힝....

괜찮다냥.

괜쮸나~ 괜찮아~ 딩딩딩딩~!

삼

색

함께해서 댕 같았고 다신 보지 말자웅....

체 념

105

107

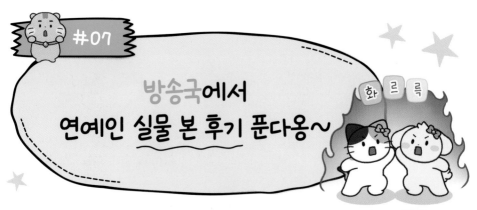

07

방송국에서
연예인 실물 본 후기 푼다옹~

화 르 륵

카페

우리 TV 보다
진짜 깜~짝
놀랐다멍!

헤헤~.

긁적
긁적

110

근데 나 얼굴이 넘 만두처럼 나오지 않았냐멍?

원래 그렇게 생겼다멍.

아냐~. 그래도 화면보다 실물이 낫다멍.

됐고! 오디션 후기나 말해 보라멍.

115

아니,
연습도…

못 마 땅

추 욱

자꾸만 추욱 쳐지게
노래 부르니까 다른
방법도 있다고 해결책을
준 거지 않냐멍!

뚝!

이 야 아 옹 !!

내 이럴 줄
알았퇴! 곧 본선인데
뭐 하는 거퇴!

벌 컥

안 된다 안 된다 하면 진짜 안 되는 거토. 중꺾마 모르토?!

중요한 건 꺾이지 않는 마음!

예선 때도 우린 떨어질 뻔했지만 바라멍! 꺾이지 않는 마음 덕분에

지금 다시 무대를 준비하고 있지 않냐멍?

맞다옹! 중꺾마!

화르륵

자, 다시 하자토.

꾹!

127

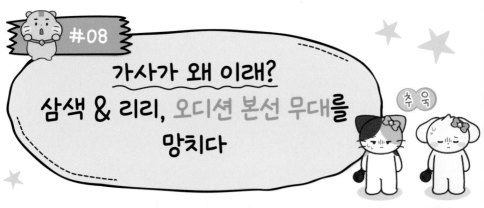

#08
가사가 왜 이래?
삼색 & 리리, 오디션 본선 무대를 망치다

129

Starlight
-삼색리믹스 본선 1차곡

하늘에서 비춰
우릴 위한 Starlight
(스타라이트)

원래 가사

하늘에서 비춰 우릴 위한 Starlight

웅둥이
흔들어 봐

오늘은 우리의 밤

개세게에에~♬

S&L's Night

쿠궁

가사 이즈 매우 불쾌.

삑—

이럴 줄 알았다멍.

ㅇㅇㅇ

아, 워낙 화제가 된 팀이라 제가 엄청 기대했었거든요?

냥 무 룩

멍 무 룩

방 긋

역시 기대를 저버리지 않고 재밌었습니다.

활 짝

137

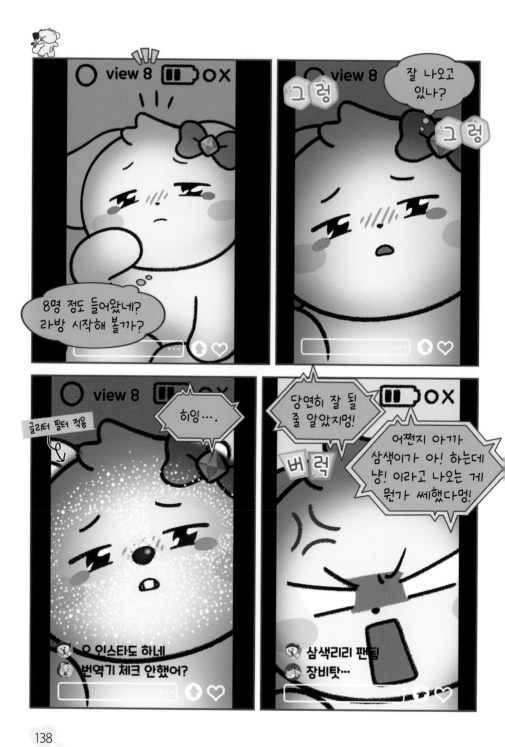

방송 종료

피디님, 총롱이에요~.
이번 편도 반응 좋던데,
이럴 때 패자 부활전도
한 번 하셔야죠?

슬 쩍

휴~

삐 질 ♪

워씨….
뒤에 숨어 있는 걸 봐서
망정이지… 하마터면
쥐 터질 뻔했다멍….

143

#09

심기일전! 패자 부활전

찌
뿌

이번 무대는 패자 부활전으로

2차전에 진출하려면 심사 위원들의 올~ 패스를 받아야 합니다!

스르륵

과연 누가 결승으로 가는 기회를 얻게 될까요!?

두

둥

150

아, 늘 장비가 따라 주지 않는 비운의 팀입니다!

이번에는 번역기 검사도 하고 왔나요?

번역기

헤메

물론이다멍!

마이크

오늘의 운세

눈곱

오늘의 운세

짱^^

오늘은 마이크, 번역기, 헤메, 눈곱, 오늘의 운세! 모든 검사를 다 하고 왔다멍.

하하하~ 좋습니다! 그럼 이번 패자 부활전의 주제, 죽이지 못한 고통은 날 더 강하게 만든다!

과연 이 어려운 주제를 어떻게 풀었을지! 삼색리믹스의 무대입니다~.

Unexpected
-삼색리믹스 패자 부활전곡

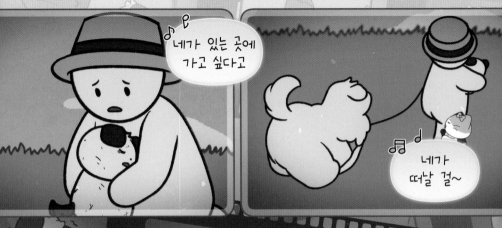

10

연예인 병에 걸려 버렸다…

169

172

집사 없이 행복한 기분이 이상하기도 하고….

크어어억~

삐질♪

안 듣고 있냥…?

커엉~, 컥컥….

ZZ

단순하게 생각해라멍~.

냥?

빙긋~

행복한 건 좋은 거다멍.

175

널 기다리며 부르는 노래

쇼미더 애니멀 팝스타 온라인 예선 합격곡
Song by 삼색리믹스

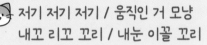

저기 저기 저기 / 움직인 거 모냥
내꼬 리꼬 꼬리 / 내눈 이꼴 꼬리

여기 여기 여기 / 상자 안에 모냥
내츄 르츄 츄르 / 내입 끌려 츄르

이제 이제 이제 / 해가 지니 저녁
나의 울음 소리 / 집사 귀로 과녁
먀옹 냐옹 냐앙

 삼색 키티 키티 키티 키티 키티 냥
리리 도기 도기 도기 도기 도기 멍
삼색 키티 키티 키티 키티 키티 냥
리리 도기 도기 도기 도기 도기 멍

저기 저기 저기 / 쭈인 어디 가멍
내시 선시 시선 / 내눈 이꼴 쭈인

여기 여기 여기 / 상자 안에 모댕
내개 껌개 개껌 / 내입 끌려 개껌

이제 이제 이제 / 산책 나갈 타임
나의 울음 소리 / 쭈인에게 알림
멍멍 왈왈 아우

삼색 키티 키티 키티 키티 키티 냥
리리 도기 도기 도기 도기 도기 멍
삼색 키티 키티 키티 키티 키티 냥
리리 도기 도기 도기 도기 도기 멍

삼색 키티 키티 키티 키티 키티 냥
리리 도기 도기 도기 도기 도기 멍
삼색 키티 키티 키티 키티 키티 냥
리리 도기 도기 도기 도기 도기 멍

뮤직비디오

어서 보러 오개~
강아지 정보
네 가지를 모았다멍!

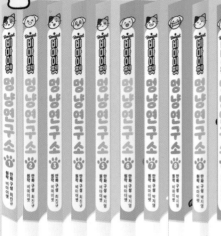

쭈인이랑 한강 🍜

#슈스의 하루 - 리리 편

#삼색리믹스 뽀에버